AF329662

# DES INONDATIONS

ET

## DES MOYENS DE LES PRÉVENIR

PAR

## J. CADIGNAN, DE ROQUELAURE.

PRIX : **75** CENTIMES.

# PARIS

CHEZ L'AUTEUR, 18, RUE SAINTE-ANNE,

Et chez **TRUCHARD**, Libraire, Galerie de Valois, 185
(Palais-Royal).

**1855**

# DES INONDATIONS

## ET DES MOYENS DE LES PRÉVENIR.

Paris.—Imp. BOISSEAU, pass. du Caire, 123-124.

# DES INONDATIONS

ET

## DES MOYENS DE LES PRÉVENIR

PAR

## J. CADIGNAN, DE ROQUELAURE.

PRIX : 75 CENTIMES.

# PARIS

CHEZ L'AUTEUR, 18, RUE SAINTE-ANNE,

ET CHEZ TRUCHARD, LIBRAIRE, GALERIE DE VALOIS, 185

(PALAIS-ROYAL).

1855

# INTRODUCTION.

La brochure que l'on va lire n'est point d'un littérateur : que l'on n'y cherche donc point des phrases, mais des idées longtemps mûries, et que je ne me suis décidé à publier qu'après avoir vu encore une fois les campagnes dévastées par les inondations.

Habitant depuis mon enfance un pays fatalement ruiné par les débordements des rivières et des torrents, j'ai long-temps étudié les moyens de prévenir ces débordements, ou, du moins, d'en atténuer les funestes effets: Le mal est grand, me suis-je dit, cherchons le remède; mais surtout que ce remède soit simple et facile à appliquer : c'est là le but que je me suis proposé et que je crois avoir atteint par le système exposé dans cet opuscule.

Il fallait, tout en protégeant la pro-priété, ne pas employer des moyens trop onéreux pour elle; il fallait ne pas la diminuer. La difficulté était grande, sans doute; j'ose croire cependant l'avoir vaincue, puisque, loin de retirer aux propriétaires, j'ajoute à leurs propriétés. Je n'ai pu donner des résultats complètement exacts; mais, en réfléchissant à la longueur des cours d'eau en France, on verra que l'on obtiendra des résultats fabuleux par l'emploi des moyens que j'indique. .

Il me restait un dernier écueil à éviter, c'est celui des descriptions confuses et trop savantes, intelligibles seulement pour un certain nombre d'adeptes. Je me suis mis à la portée de tous, en exposant mon système clairement, et en ne me servant que de termes connus de chacun. Je l'ai fait surtout pour les cultivateurs, qui pourront, en lisant cet ouvrage, se préparer d'avance aux grands travaux qui pourraient leur être ordonnés par une loi. C'est pour ce motif que je crois qu'il serait bon que ma brochure se trouvât dans chaque mairie, où l'agriculteur pourrait aller la consulter.

Je l'ai déjà dit : pas de phrases, mais des faits, rien que des faits ; voilà à quoi ont abouti les réflexions sérieuses d'un homme qui trouvera sa récompense dans le soulagement que son intelligence aura pu apporter aux malheureuses victimes que fait chaque année ce terrible fléau.

# INONDATIONS

## LEUR CAUSE

## Et la manière de les combattre.

————◆————

Les inondations deviennent un fléau chaque année, au moment où les travailleurs des champs sourient de joie à la perspective d'une belle récolte.

Encore un mois, quelques jours suffiront pour récompenser leurs pénibles travaux d'une année entière. Hélas ! un nuage se montre au lointain ; il approche, des éclairs sillonnent des masses noirâtres ; il est mauvais, crie-t-on de  toutes parts.

Un vieillard, à chevelure blanche, lève la tête vers le ciel. « Espérons, dit-il, que la grêle nous laissera de quoi vivre. Dieu  qui nous a montré tant de sagesse dans sa création, n'a  point voulu que  l'homme périsse par la famine ou par l'inondation.»

Non, ces pluies, ces grêles, ces ouragans ne sont que partiels et jamais généraux. Si une contrée est ravagée par ces fléaux  qui laissent une population dans la ruine et les larmes, la contrée  voisine est  prospère  et souriante ; elle viendra au  secours de la première restée dans la désolation.

Peut-être, Dieu  l'a-t-il voulu ainsi, pour entretenir la fraternité parmi  les  hommes, et cette douceur d'obliger son semblable dans le malheur, où les sentiments de l'homme se montrent à la hauteur de la mission qu'il a reçue du ciel.

Je porte mes regards vers le firmament ; je vois toujours ces beautés que mon imagination me représente dans un monde infini ; je ne vois rien de changé dans ce grand mouvement qui entoure le monde. Le soleil, la lune, les étoiles, tout suit son cours ordinaire. Mon œil ne voit rien marcher avec précipitation, toutes ces beautés marchent régulièrement depuis le commencement du monde. Dieu l'a montré à l'homme pour suivre cet exemple de sagesse, pour des choses durables d'enseignement.

Le mouvement de la terre suit également

son cours, en faisant le tour du globe en
si peu de temps, sans que les êtres qui l'ha-
bitent soient troublés dans leur sommeil.
Cependant, sur sa surface, il se passe de
grands événements ; là, c'est une ville qui
disparaît ; ailleurs, c'est une province ;
mais encore, ces malheurs ne sont que partiels et jamais généraux. Ces parties de la
terre qui disparaissent, se montrent sur
d'autres points pour attirer de nouveau
l'attention de l'homme, et lui montrer que
Dieu appelle sa colère sur un point, en ré-
pandant sa bénédiction, et accordant son
pardon au reste de la création.

Revenons aux inondations. Leurs ravages portent dans quelques heures la ruine
et la dévastation dans plusieurs départe-

ments. Ces inondations ont-elles fait toujours ces mêmes ravages ? Non, pas avec d'aussi grands désastres. La science mal appliquée, n'est-elle pas pour quelque chose dans ces terribles sinistres ? Telle est ma conviction. N'a-t-on pas vu des savants, dans notre siècle, prôner une nouvelle doctrine à ces populations qui ne connaissaient que le travail de la nature, qui est l'enseignement le plus sage, transmis par nos pères, de générations en générations, jusqu'à nous. Ah ! nous abandonnons ces sages principes, que nous remplaçons par la science, souvent trompeuse, en contrariant les richesses de la nature.

Voici ce que l'on a dit à ces populations : « Déboisez vos monts pour les ensemencer, vous doublerez vos fortunes, toute la terre sera ensemencée ; ses entrailles vous fourniront du combustible pour vous chauffer. La boule du monde est assez grande, nous pourrons en tirer ces richesses. »

Les laboureurs hésitèrent à faire des changements aussi brusques, par respect pour l'enseignement de leurs pères, qui n'avaient pas touché à ces monts, se contentant des plaines qu'ils leur avaient laissées très fertiles.

Mais, bientôt l'exemple des riches qui faisaient tomber, sous la cognée du bûcheron, d'immenses forêts aussi vieilles que le monde ; ces exemples, dis-je, si lucratifs, vinrent les faire tomber dans ce piège destructeur, où jamais l'homme n'aurait dû porter la main sans réflexion. Mais ils pensaient que leurs pères n'avaient pas su faire cette découverte si lucrative.

Quand ces monts, ouvrage du créateur, furent déboisés, l'homme reconnut son erreur. Alors, il conseilla le boisement ; mais un siècle ne réparera pas cette grande faute d'un jour. Est-elle la seule qui occasionne les inondations ? Le reboisement des monts les empêchera-t-il ? Telle n'est pas ma conviction. D'autres causes aussi majeures, que l'homme a négligées, viendront continuer ces désastres, et chaque année mettre l'Europe entière dans les craintes et dans les alarmes. Dans notre siècle, l'homme marche vite, sans se rendre compte des déceptions qui l'attendent.

autre nouveauté de la science, qui n'est pas
sans intérêt. Je veux parler des engrais
apparus en même temps que le choléra, ce
terrible fléau du genre humain. Eh bien!
dis-je, l'apparition des engrais a été reçue
avec défiance par les cultivateurs, est-ce à
tort ou à raison? C'est ce que je ne puis
dire ; mais je crois qu'on a oublié la nature
et les principes des anciens, qui consis-
taient à engraisser leurs terres avec les fu-
miers qui provenaient de leurs troupeaux
et le travail de l'homme. Et, faut-il le dire?
les hommes les plus simples ont pensé que
ces engrais, par la chimie, étaient la des-
truction de la fécondité de la terre et des
races des denrées. La première, en la for-
çant à la production, lui donnant une cha-

leur trompeuse, qui vient changer la mission que Dieu lui avait donnée. La seconde, en donnant aux produits cette apparence artificielle, sans goût, où la nature a perdu sa force.

L'homme ne craint-il pas de détruire les races? Que ferait-il, si cela arrivait? Il restait des forêts saines pour reboiser les monts; resterait-il des denrées saines pour ensemencer nos champs? Je frémis à cette pensée : on s'est trompé pour l'un, on pourrait se tromper pour l'autre. On ne tient pas assez compte de la nature, que l'on veut remplacer par la science. Plus d'une fois le génie a perdu l'homme ; la prudence est la meilleure conseillère, la réflexion lui montre l'abîme prêt à l'engloutir.

Remarquons que, depuis le commencement du monde, nos pères, qui avaient reçu les secrets de Dieu, les ont transmis à leurs enfants, de génération en génération, jusqu'à nous. Ils nous ont laissé saines les productions de la terre, et des moyens simples pour la cultiver. Jamais rien n'a dépéri ni disparu dans leurs mains. Hommes de la nature, ils se servaient d'elle avec réflexion et prudence.

Hélas ! de nos jours la science marche vite ; je ne sais ce qui restera à nos enfants. Dieu veuille que ce ne soit beaucoup de fautes à réparer.

J'ai dit, plus haut, que les inondations avaient une autre cause que le déboisement des monts ; elle est, selon moi, plus majeure. C'est la grande multiplication des villes, villages, maisons isolées, d'où sortent des multitudes de routes ou de chemins qui se dirigent sur tous les points. L'homme a beaucoup amélioré toutes ces choses, depuis cinquante ans, en faisant des places, pavages, des villes et des routes autrefois en mauvais état ; on a tout égalisé ou aplani ; mais on oublie souvent que la nature est bizarre sur tous les points.

Mais, me dira-t-on : faut-il détruire ces choses si utiles à l'homme ? Telle n'est pas ma pensée. Mais en proportion de ces améliorations, on en a négligé d'autres.

Toutes ces habitations sont sur des hauteurs, les routes et les chemins en sortent de toutes parts ; les unes montent vers les

monts, les autres descendent vers les vallées ; il est bien compris que les villes ou
villages sont le centre. La direction des
pentes va toujours vers les vallons, dont
les prairies sont traversées par une rivière
petite ou grande. Indépendamment de ces
routes, il se trouve une quantité de ruisseaux qui descendent également des hauteurs.

Eh bien, ces villes, villages, maisons isolées, routes, chemins, ruisseaux, sont autant de canaux pour alimenter les inondations. Je dirai plus, c'est la grande source
de ce terrible fléau. Un orage arrive, il
tombe une pluie de déluge, cela dure une
demi-heure. Les populations des rivages sortent après la pluie, regardent la rivière ; son

eau est restée claire comme l'argent ; elle n'a pas subi l'effet de l'orage ; les prairies sont verdoyantes et rafraîchies par les eaux qui viennent de tomber.

Mais bientôt tout change de face, les routes, les chemins, les ruisseaux qui descendent des hauteurs, sont autant de torrents entraînant terres, broussailles et autres combustibles ; toutes ces différentes voies d'eau viennent se précipiter dans ces profondeurs ; la rivière déborde, les prairies, les jardins, tout est ravagé. Les habitants sont en larmes, ceux qui sont le plus près des rivières gagnent les hauteurs, abandonnant leurs fortunes à ces calamités, et voient leurs maisons disparaître sous les flots ! Ces désastres sont si grands, que

3

cette vallée est devenue un fleuve. Malheur à l'homme que la fureur des flots a surpris dans ces profondeurs !

Mais, ces eaux n'ont pas ravagé que la vallée, car les monts et les routes sont devenus des rivières, débordant de droite et de gauche à travers les champs, emportant terres et récoltes le long des collines, où coulent les ruisseaux qui deviennent autant de torrents. Tous ces amas d'eau filent dans la vallée, centre général de ce fléau.

Suivons ces eaux à deux lieues de là ; les habitants ont vu un orage au loin ; à peine s'ils ont entendu le grondement du tonnerre, ils ont continué leurs travaux. Mais bientôt ils entendent un bruit sourd, les flots arrivent en mugissant, entraînant tout sur leur passage, les arbres, les amas de broussailles, qui les rendent encore plus dévastateurs que dans l'endroit où l'orage est passé.

Ces populations, qui n'ont vu qu'un nuage au loin, sont bientôt ruinés par l'inondation. Les pertes sont incalculables. Mais là n'est pas la fin du désastre : ces petites rivières vont se joindre à de plus grandes, et malheur aux villes qui sont traversées par ces rivières. Mais le temps est resté serein, pas un nuage n'est venu troubler ces nombreux commerçants et travailleurs de toute espèce. Cependant, tout-à-coup on donne l'alarme, toute la population court vers la basse ville où des cris de détresse se font entendre. Hélas ! ses secours sont impuissants, car les rues sont envahies, les habitants, surpris dans leurs maisons, montent sur les toits, étendant leurs bras vers leurs voisins qu'ils voient au loin ; les cris des agonisants, qui sont entraînés par les flots, brisent le cœur de l'homme anéanti devant ce déchaînement des eaux. Et à travers ce fracas épouvantable perce le bruit du tambour et du tocsin. Les maisons s'écroulent, les ponts de communication sont emportés, tout augmente la stupeur des habitants restés dans la consternation. Leurs vœux, leur courage, tout reste impuissant pour arrêter la fureur des flots. O ! triste tableau ! pour ceux qui sont spectateurs de pareils désastres.

Alors apparaissent des débris de char-

pentes et de meubles, des animaux qui
font entendre leurs cris lugubres, appelant
l'homme à leur secours. Des hommes, des
femmes et des enfants jettent des cris de
désespoir : de temps en temps tont disparaît et reparaît.

Cependant, au milieu de ce déchaînement des éléments, des hommes coura-
geux s'élancent dans les flots, au mépris
des périls, leur cœur bondit aux cris de
leurs semblables qui appellent au secours.
Mais hors la ville, le tableau le plus effrayant
s'offre aux regards de l'homme : c'est une
mer avec ses vagues mugissantes qui laissent entrevoir au lointain des arbres, des
toitures de maisons, où les habitants surpris se sont retirés, comme dans une arche

de salut. Ils sont à genoux, en larmes, les
yeux tournés vers le ciel, implorant la mi-
séricorde divine de venir à leur secours.
Hélas ! tout disparaît sous les flots. Plus loin,
le père, la mère et les enfants se tiennent
enlacés sur un reste de mur : l'infortuné
père lève les yeux, baignés de larmes, vers
le ciel, puis les tourne vers le rivage. Les
enfants pleurent, criant : maman, nous
sommes perdus ! Oh ! malheureuse mère !
pâle comme la mort et les cheveux épars,
elle serre ses enfants dans ses bras, pour
les disputer à cet abîme prêt à les engloutir : mon Dieu ! s'écrie-t-elle, sauvez-les.
Un chien est à côté d'eux qui pousse des
hurlements plaintifs. Le père étend son bras
au loin vers le rivage ; il appelle au secours :

trois jeunes gens font force de rames vers cette infortunée famille, qui ne tarde pas à voir la barque qui avance vers eux. La mère presse ses enfants sur son cœur, les arrose de larmes, leur montre leurs sauveurs qui luttent contre les flots ; le père agite un bras vers ces jeunes gens remplis d'héroïsme. Des paroles de consolation arrivent jusqu'à ces malheureux. Encore un instant, le succès va couronner le dévouement de ces jeunes gens. Une poutre arrive sur ce mur, l'ébranle : un cri de désespoir se fait entendre, tout disparaît dans les flots. Il ne restait de cette voie de salut qu'une pierre qui sortait de l'eau ; nos héros, au lieu de ralentir leur course, redoublent de courage, et surtout quand ils voient

le chien reparaître contre la pierre, et faire
des efforts pour sortir quelque chose de
l'eau. La barque arrive ; on saisit un linge
que le chien tirait ; c'était la robe de sa
maîtresse : on tire, et bientôt apparaissent
le père, la mère et les enfants se tenant
tous enlacés dans les bras l'un de l'autre ;
après des efforts désespérés, on monte ce
groupe dans la barque. Alors seulement, le
chien, ami de l'homme, lâche la robe en
leur prodiguant mille caresses. Hélas ! per-
sonne ne lui répondait que les larmes des
jeunes gens qui luttent contre les flots pour
regagner le rivage, où une nombreuse population agitait des mouchoirs en signe de
reconnaissance envers cette jeunesse, qui
a exposé si noblement sa vie pour arracher

cette famille à la mort. Espérons que la bonté du ciel fera encore battre les cœurs de ces père et mère et de ces enfants. On arrive au rivage, où des secours ne tardent pas à faire battre tous les cœurs d'espérance : cette famille est sauvée.

Honneur au courage de cette jeunesse, qui sait si noblement exposer sa vie pour sauver ses semblables ; quel héroïsme pour remplir la mission que Dieu a donné à l'homme, de se dévouer au secours de celui qui souffre. Gloire à celui qui sait l'accomplir !

Au loin, les mêmes ravages : partout ce n'est que ruines, désastres, pleurs et lamentations. Cependant, le temps est resté beau, pas une goutte d'eau n'est tombée dans ces contrées.

A tous ces tableaux destructeurs des inondations l'homme ne doit pas rester impassible, il doit chercher les moyens d'empêcher leurs désastres, ou du moins de diminuer leurs ravages.

Depuis nombre d'années, on a dépensé des sommes immenses, fait de grands travaux pour arrêter ces désastres, mais tout reste impuissant : chaque année il faut payer ce terrible tribut de centaines de millions et de larmes. Il faut en conclure que le remède n'est point appliqué où le mal existe. On est dans la position d'un malade qui sent son mal à la tête ; pour le guérir le médecin porte le remède aux pieds. Si ce système guérit le malade, il ne peut, suivant moi, empêcher les inondations ; si

le sang monte à la tête de celui qui souffre,
les eaux descendent trop facilement dans
les vallées.

Il faut porter le remède à la tête, sur les
hauteurs, empêcher ces eaux de faire leurs
ravages. Mais comment arriver à ce résultat? Par les moyens les plus simples.

Je crois que Dieu n'a pas voulu arroser
les monts pour venir dévaster les vallées?
Non, cela n'est pas probable; je pense que,
dans sa sagesse infinie, il a tout prévu;
mais il a laissé l'homme libre de changer
bien des choses; en même temps il lui a
donné le génie et la réflexion, et, s'il dé-
range quelque chose, la faculté de prendre
garde de ne pas se rendre plus malheureux
qu'auparavant.

C'est ce qui arrive ; dans notre siècle, on a fait de grandes modifications, fort utiles, nécessaires même. Mais, à côté de cela, on a laissé la source pour alimenter les inondations.

Je vais développer ma pensée autant que ma faible intelligence me le permettra. J'ai dit au commencement que les villes, villages, maisons isolées, les routes, ruisseaux et chemins étaient les seules voies et causes des inondations. Le lecteur le comprend : les rues et les places étant pavées, l'eau va se ramasser sur un point et y porter le désordre.

Autrefois, ces villes étaient entourées par des fossés, où toutes les eaux allaient se ramasser ; elles donnaient un double avantage aux populations. Ces réservoirs pleins étaient une ressource jusqu'à la pluie prochaine ; pas une goutte ne sortait de la ville pour aller ravager les vallées. On a mis des promenades à leur place : grande faute ! Eh bien ! il faudrait rétablir des réservoirs hors la ville, pour empêcher ces eaux d'aller dévaster les campagnes. Maintenant, suivons les routes qui sortent des villes ; ici chaque propriétaire, qui a un champ sur leur bord, doit faire un petit fossé de 50 centimètres de largeur sur autant de profondeur, en laissant de petits barrages de distance en distance pour retenir les eaux. Si les terrains sont plats, on peut laisser les barrages plus éloignés ; si, au contraire, les terrains sont en pente, il faut les répéter à la distance de deux mètres. Quand le premier petit réservoir sera plein, l'eau passera par dessus le barrage, ira remplir le second et ainsi de suite. Que le voisin suive cet exemple le long de la route et de chaque côté, vous retiendrez ainsi les eaux où elles tombent, elles n'iront pas porter leurs ravages plus loin.

Ces fossés auront un autre avantage : une fois pleins ils rafraîchiront l'air, et les eaux s'infiltrant goutte à goutte à travers les terres, iront renouveler la vie à la végétation. Qui plus est, les feuilles et les poussières des routes s'y ramasseront et s'y décomposeront ; alors, on les enlèvera pour les éparpiller à travers les champs, ce qui engraissera les terres, et on disposera ainsi les fossés à contenir leur quantité d'eau primitive.

Les mêmes considérations me font conseiller de doubler la largeur des fossés qui environnent les villages et les maisons particulières, situées sur les hauteurs, puisque c'est toujours des hauteurs que viennent les dangers les plus imminents.

Dans l'exécution de ces travaux, on doit profiter des terrains perdus pour doubler et même tripler la grandeur de ces réservoirs barrés, pour ménager les terrains sur d'autres points pour la culture.

Avant d'aller plus loin, je vais faire comprendre d'une manière générale l'importance de ces fossés creusés le long des routes et chemins.

Rétrécissez un cours d'eau sur une longueur quelconque, soit par le moyen du
rapprochement des terres, ou par tout autre, pourvu qu'il soit rempli, c'est-à-dire
prêt à déborder avec son eau continue.
Supposons qu'il livrera passage à 10 centimètres cubes d'eau, cela fait monter à
20 mètres sur la hauteur ; établissez une
rigole bien en pente, qui vienne aboutir à
la tête du cours d'eau que vous avez pré-
paré. Cela établi, portez un tonneau à la
partie supérieure de votre rigole, mettez-y
20 litres d'eau, ensuite, tournez la bonde
en dessous, de manière que l'eau se précipite dans votre rigole, et courez à votre
cours d'eau prêt à déborder avec son eau
continue , à l'arrivée de vos litres d'eau,

l'inondation est complète ; ce qui se produit en petit se produit en grand.

Eh bien, attendez que votre inondation soit loin, que votre cours d'eau ne renferme que celle qui lui est destinée ; elle coulera comme auparavant.

Vous avez pris 20 mètres pour la longueur de votre rigole : établissez à distance de chaque mètre un trou de la capacité d'un litre d'eau, cela vous fera 20 trous. Ensuite, reprenez 20 litres d'eau, versez comme la première fois ; puis, redescendez voir si l'inondation se renouvellera. Vous ne verrez plus le même désordre ; puisque, pas même une goutte d'eau n'est arrivée à votre cours d'eau, tout étant resté dans vos trous, dont le dernier en aura même reçu très peu.

parce que l'eau reste partout où elle coule : telle est sa nature.

Laissez tomber une seule goutte d'eau sur une planche bien unie, qui soit en pente : vous verrez la goutte descendre vîte, et puis s'arrêter immobile après avoir mouillé son passage. Vous ne faites pas attention à cette goutte d'eau qui est devenue si petite, c'est cependant très important, c'est une inondation. Si une mouche se trouve là, elle n'ose franchir l'endroit où la goutte d'eau est passée : vous ne voyez rien, mais elle, qui a l'œil bon, trouve l'eau et s'en régale.

Le passage d'une fourmi est interdit également ; elle fera un grand tour pour passer plus loin. Le lecteur comprend l'importance des fossés barrés le long des routes ;

cette eau, qui restera, ne pourra aller se réunir plus loin pour faire le mal. Si la mouche et la fourmi avaient établi un trou en haut de la planche pour absorber la goutte d'eau, elles n'auraient pas eu besoin d'aller passer si loin. La mouche avait des ailes, mais la fourmi n'avait que ses pattes.

Le travail des villes est plus difficile, mais cela peut se faire. Voyons maintenant les villages sur les hauteurs. Là, les travaux sont plus simples ; chaque habitant, si le terrain le permet, fera un réservoir en commun avec ses voisins ou seul. Ils établiront un ou plusieurs réservoirs devant leurs portes, ou bien ils conduiront les eaux hors du village dans le réservoir commun. Mais il est de l'intérêt de ceux qui le peuvent, d'avoir un réservoir particulier, où les eaux du toit et de la cour iront se ramasser ; elles leur seront fort utiles, soit pour arroser leur jardin, soit pour abreuver leurs animaux domestiques ; ensuite, elles descendront goutte à goutte à travers la terre, et entretiendront la fraîcheur dont souvent les coteaux sont dépourvus.

D'autres pourraient faire le réservoir dans leur jardin, chose précieuse pour les temps de sécheresse, où tout dépérit faute d'eau. Le réservoir commun devrait être du côté des routes, pour retenir les eaux et les empêcher d'aller porter leurs ravages plus loin.

Mais, me dira-t-on, une fois ces fossés pleins, il faudra avec le temps des pluies

que le surplus s'échappe. Je suis d'accord :
mais nous avons les fossés barrés le long
des routes qui ne seront pas remplis par
l'eau importune des villages, ou autres habitations qui recevront le surplus. Ces eaux
seront calmes dans ces milliers de fossés
barrés, et de petites veines d'eau s'échap-
peront dans les entrailles de la terre, où
elles ne produiront que le bien et jamais le
mal. Mais admettons qu'il en descendra un
peu dans les vallées : nous verrons, plus
tard, que nous sommes prêts à la recevoir.

Dans les maisons isolées, même travail ;
si c'est une seule maison et propriétaire,
tout est personnel ; il a une maison, une
cour, un sol autour de sa maison ; il faut
qu'il retienne les eaux qui tombent chez lui,

afin qu'elles ne puissent aller ravager son voisin qui se trouve plus bas dans la colline, où, autrefois, il était parfaitement tranquille, parce qu'à la place de la maison d'en haut, de ce toit, cour, sol, petits chemins, étaient des champs, bois vignes, d'où les eaux ne sortaient jamais.

Maintenant, pour sa commodité, il a établi des chemins de tous côtés : ceux qui montent vers les hauteurs conduisent les eaux à sa maison ; elles viennent se réunir à ceux de cette dernière, ensuite se précipitent par un chemin qui descend vers son voisin, qui est au bas de la colline, lui ravagent tout. S'il avait eu un réservoir, des fossés le long des chemins pour ramasser les eaux de son toit, de sa cour, du sol, le voisin d'en bas n'aurait pas eu de dégât, ainsi de suite. Mais, me direz-vous, vous voulez rendre les uns responsables envers les autres. Certes, c'est justice : celui qui cause le mal, doit faire son possible pour l'empêcher, c'est son intérêt personnel et en même temps l'intérêt général. Bien plus, l'État ne doit pas faire de sacrifice pour ces travaux ; chaque propriétaire doit les faire, pour ne pas faire de tort à son voisin.

On me dira : l'un les fera et l'autre, non. Cela devient, comme je l'ai dit, l'intérêt particulier et en même temps l'intérêt de la patrie. Quand elle nous appelle, en nous montrant l'ennemi, chacun lui doit obéissance ; c'est là le bonheur d'un peuple.

Je ne connais pas de plus terrible ennemi

que les inondations, la force de l'homme
reste impuissante ; il voit sa ruine, sa mort,
sans combat possible. La nature seule peut
fournir des armes contre ce fléau.

Mais, me dira-t-on : « Vous prenez à l'a-
griculture un terrain précieux.» Je réponds :
« C'est vrai, je prends 50 centimètres le
long des routes. » Mais remarquez que ces
terrains qui bordent les champs, sont toujours ravagés par les passants qui aiment
mieux passer sur le champ que sur la route.
Les petits fossés seront, au contraire, une
séparation de cette dernière avec le champ.
Je parie que les propriétaires gagneront au
lieu de perdre.

Enfin, il reste bien établi que je prends
50 centimètres de terrain ; je vous les ren-

drai plus tard, je vous le promets. Mais avant je vais monter sur les monts que l'on reboise.

Il ne suffit pas de les reboiser, il faut établir des monticules, des fossés, des trous, les rendre autant que possible pareils à la nature primitive. Alors les eaux y resteront si vous laissez les terrains unis, malgré l'herbe et les broussailles, une grande partie d'eau en partira, vous causera encore des ravages. A l'entour de ces hauteurs sont les vignes ; il faut faire la plantation et le labourage en travers. Chaque sillon servira de réservoir dans le temps des pluies. Il faut creuser les allées des bas-fonds à quelques centimètres pour recevoir l'eau de surplus. Notez bien que toutes ces terres sont fort utiles pour chausser les pieds des vignes. Qui ne connaît ce travail dans les pays de vignobles ? Portez un peu de terre d'une allée au pied de chaque souche. Quand vous la rechaussez dans un carré, ne le faites pas au carré voisin ; vous verrez le rapport de l'un et de l'autre. Je vous promets que vous serez récompensé de votre travail ; et vous aurez rendu un service immense en retenant les eaux, qui ne descendront plus pour se réunir à celles de votre voisin, qui iraient ravager les collines.

Le labourage des champs doit se faire également en travers des coteaux, et, à chaque 50 centimètres, doit être un sillon. On abandonne à tort ce genre de labou rage pour des plates-bandes plus larges. Je crois les sillons préférables, surtout sur les coteaux, parce que chaque sillon forme un réservoir pour les temps de pluies ; cela se conçoit ; les eaux ont moins de chance de se réunir. Le labourage en travers a cet avantage que les eaux s'arrêtent sans force et restent là. Si on les fait en long, le contraire, l'eau file vers la profondeur en se faisant un lit, et entraîne la meilleure terre avec les productions,

Observez la nature ; elle vous offrira toutes les ressources dont vous aurez besoin : Vous savez qu'elle est bizarre ; suivez ces exemples : ne croyez pas vous passer d'elle ; bientôt vous reconnaîtrez votre erreur. N'oublions pas de conserver les eaux où elles tombent ; Dieu nous l'envoie pour le bien. Que notre travail ne la tourne pas au mal : Si nous remédions d'un côté, prenons garde de ne pas déranger de l'autre.

Si vous voyiez ces forêts vierges d'Amérique, où l'homme n'a pas touché ; rien de si beau. Ces arbres, ces fleurs, cette végétation, qui entourent les hauteurs et même les rivières. Les inondations ne ravagent pas ces contrées, où tout est souriant, où l'homme reste pensif en admirant ces beautés. Et tout cela, un jour à venir, passera par la main de l'homme ! Son génie en fera des villes, des champs, pendant que d'autres disparaîtront de ses regards, peu à peu, sans nous en apercevoir.

L'homme fait le tour du globe. C'est pourquoi chacun trouve ses devanciers dans l'erreur ; et nous aussi nous y sommes. Jamais l'homme n'arrivera à la vérité de ces grands mystères qui entourent le monde. Le génie court ; il retourne d'où il est sorti ; chaque génération se croit aux grandes lumières, et tout-à-coup on se trouve à l'erreur. Mais convenons que tous travaillent pour le bien et le bonheur communs. Cette espérance raffermit nos consciences et nous console à notre dernier soupir !

Consultons les anciens, nos pères, hommes si simples. Eh bien ! ils possédaient ces fossés au bord des routes ; les réservoirs devant chaque maison. C'est là qu'ils puisaient les engrais pour le jardinage. Je parie que l'on trouve encore de ces familles qui ont conservé ces choses utiles, mais le nombre en est trop petit pour que cela produise le bien.

La science a prétendu que les eaux de ces réservoirs donnaient des maladies; cela est possible. Mais je ne vois pas ces dernières disparaître de notre pauvre humanité. La race des hommes est-elle plus belle qu'autrefois? plus forte? Vit-on plus longtemps? Est-on plus sain? Vaine erreur. On oublie encore ces vieilles traditions, qui nous apprennent que les anciens vivaient fort vieux; aimant mieux le médecin pour leur faire la barbe que pour les soigner.

Oh! alors, la nature était partout; et la chimie, dans les entrailles de la terre;

l'homme mangeait ses substances saines ;
du pain, tel que Dieu nous le donne ; du
vin et du lait purs : tout cela n'avait pas
besoin de mélange ; toutes les substances
qui sont nécessaires à la vie de l'homme
n'avaient pas besoin de chimie ; Dieu les
avait créées, tout était parfait.

Il n'est pas étonnant que les anciens
soient plus forts, plus sains, qu'ils puissent
se passer de médecins. La nature était
dans toute sa splendeur ; et cette jeunesse,
au teint rose d'autrefois, qui vivait si sim-
plement. Le jour de leur mariage, ils n'a-
vaient jamais connu de médecin ; souvent
ils mouraient à cent ans, sans avoir fait
cette connaissance. Certes, cela ne les em-
pêchait pas de dormir.

Hélas ! de nos jours, on veut tout con-
naître. Je vous assure que les médecins ne
sont pas les derniers ; dès que nous venons
au monde, nous entrons en connaissance
avec eux, nos premiers sourires sont pour
eux. Cette amitié ne nous sépare qu'au dernier soupir, ils sont encore là. Pauvres anciens, vous ne connaissiez pas vos vrais
amis, aussi, vous viviez fort longtemps. On
ne peut jamais tout avoir dans ce monde.

Retournons aux inondations. Nous avons
vu l'importance des fossés au bord des
routes, les réservoirs des villages et des
maisons isolées, l'inégalité des reboisements
des monts, les labourages en travers des
côtes. Maintenant, descendons à la colline.

Derrière un coteau, d'où s'échappent à

travers les rochers des gouttes d'eau qui
viennent alimenter une source fort utile aux
villageois, près de là, et plusieurs autres
habitations des alentours, un petit ruisseau
sort de là et coule en serpentant à travers
une prairie. Différents petits chemins viennent aboutir à cette fontaine qui servent de
passages aux habitants qui viennent chercher de l'eau. Eh bien, ces petits chemins
qui descendent là, sont autant de canaux
pour venir inonder ce ruisseau, tête de rivière ; cela arrive à chaque orage. Dans
cette saison, les terres sont dures, l'eau ne
peut y pénétrer, toute celle qui tombe dans
le village ou sur les maisons isolées, court
se précipiter par les petits chemins dans le
ruisseau qui déborde immédiatement en

portant ses premiers ravages dans les jardins et dans les prairies. On conçoit que si l'eau des hauteurs était retenue où elle tombe, elle ne viendrait pas porter le désordre dans cette colline qui n'a qu'une source et qu'un petit ruisseau.

On me dira : Vous voulez donc que les habitants des hauteurs aient tout à supporter pour empêcher les inondations des ruisseaux et des rivières ? Telle n'est pas mon intention. Les riverains ont leur ouvrage qui n'est pas moins important que celui des hauteurs.

Il est bien à remarquer que les habitants d'en haut ont des prés au bord des rivières. Le sacrifice qu'ils ont fait en haut ne suffit pas, car ils ont donné 50 centimètres de terrain au bord des routes. J'ai promis de le leur rendre, cela les encouragera à me donner le long du ruisseau quelques centimètres, que je leur rendrai aussi. Toujours emprunter et ne pas rendre, cela n'est pas fort encourageant, mais il ne faut pas être trop pressé.

Eh bien ! je demande pour la tête de ce ruisseau quelques mètres de terrain perdu qui se trouve certainement autour de la fontaine. On creusera un bassin devant cette dernière ; par exemple, de 6 mètres carrés ; on aurait soin de laisser passer le ruisseau au milieu ; on creuserait le bassin à 1 mètre de profondeur, on enlèverait ces terres, et on les jetterait sur les bords pour les exaucer de 50 centimètres ; cela ferait

1 mètre 50 centimètres de haut. Le reste
de la terre, on l'arrangerait en diminuant
au-dehors : on fermerait le côté du bassin
en talus ; bien appuyé du côté de la prairie,
il résistera toujours. On aurait soin de
semer du gazon sur ce talus ; le bassin
devrait être creusé au-dessous du niveau du
ruisseau, afin que l'eau de la source puisse
rester en petite partie dans le fond ; elle
servirait pour abreuver les animaux domestiques qui pourraient descendre boire,
en leur conservant une descente facile du
côté de la fontaine. Mais il faut bien se garder de fermer le ruisseau ; il faut lui conserver son lit comme auparavant, en ne
laissant sortir de l'eau que juste ce qu'il
faut pour ne pas déborder. Le reste doit

être retenu dans le bassin. Pour s'échapper à la même force, il faudra avoir soin que tous les petits chemins qui viennent à la fontaine, conduisent leurs eaux dans ce bassin, qui ne la rendrait au ruisseau qu'en quantité voulue, sans le forcer à déborder.

Ce bassin ne se remplirait que quand les eaux des hauteurs viendraient se briser contre sa digue, qui les forcerait d'attendre leur tour, autrement, il serait toujours vide, réservant dans le fond 25 centimètres d'eau ; celle de la source conserverait son cours, en se précipitant dans le ruisseau, aux eaux basses.

Ensuite, on descendrait en suivant le ruisseau à la première haie qui sépare deux voisins de gauche ; on la détruirait à 2 mètres de longueur ; chaque propriétaire fournirait 50 centimètres de terrain, ce qui ferait 1 mètre de largeur. Cela n'est pas grand chose, car la haie le fournira presque en entier. Eh bien, on creuserait ce terrain à la profondeur du niveau du ruisseau, un peu moins, afin que les eaux ordinaires ne puissent y entrer. On aurait encore soin de laisser un barrage de quelques centimètres de hauteur du côté du ruisseau, afin que, si l'eau ne vient pas trop forte, elle ne puisse y entrer. Seulement, quand elle annoncerait un débordement, alors elle passerait par dessus le barrage, et le fossé se remplirait, à proportion que l'eau du ruisseau grossirait. On aurait soin également de faire un fossé en talus et d'y semer du gazon ; on élèverait un peu le terrain sur le bord, surtout du côté de la descente. Un peu plus bas, les deux voisins de droite feront le même travail ; mais il faut bien se garder de toucher au lit du ruisseau, le laisser tel que la nature l'a formé.

Tous ces travaux doivent se faire sur les côtés, pour recevoir seulement les eaux qui descendent des hauteurs, soit par des pluies continues ou par un orage. Conservez-les en haut tant que vous pourrez, suivant l'exemple du Créateur : il n'arrose pas la terre en nous donnant l'eau d'en bas, il nous la donne d'en haut. Avant de tomber, les nuages nous donnent de l'ombrage pour modérer l'ardeur du soleil ; ensuite l'eau s'é- chappe goutte à goutte, et elle vient porter le bonheur et la fécondité sur la terre, où tout se ranime à son humidité bienfaisante.

Ah ! sublime travail de la toute-puissance divine, que de sagesse, que de grandeur dans votre création !

Ainsi, on continuera ce travail des petits fossés de droite et de gauche, et à des distances plus ou moins éloignées, suivant la force du lit du ruisseau, qui ne tardera pas à devenir une rivière plus ou moins grande.

Nous pourrions nous arrêter là dans notre travail, car maintenant les routes qui descendent des hauteurs sont bordées par des petits fossés et coupées de distance en distance par des barrages, de manière que,

quand les pluies arriveront, le premier
fossé se remplit de l'eau que les habitants
du village n'ont pu retenir dans leurs réservoirs. Le premier fossé plein, l'eau file
par dessus le barrage, et vient sans violence
remplir le second, ensuite le troisième,
ainsi de suite jusqu'à la vallée où coule la
rivière à travers les prairies verdoyantes.
Nous n'avons rien à craindre par les routes
une fois ce travail établi, ni par les ruisseaux, puisque maintenaut des fossés arti-
ficiels sont creusés de droite et de gauche
pour recevoir les eaux étrangères. Du côté
des champs, ne craignez rien ; ils gardent
l'eau dans leur sein par les labourages en
travers. Cependant, si je me trompais, il
faudrait préparer la rivière à recevoir le su-

perflu. Son lit est grand ; mais, par de forts orages ou des pluies continuelles, elle pourrait encore déborder.

Ce travail est nécessaire, ne serait-ce que parce que l'homme est venu déranger la Nature sur toute la longueur des rivières. On a barré leur lit par des moulins, usines ou fabriques de toute espèce. On n'a pas compris que ces établissements devaient se placer sur les côtés des rivières. En creusant un nouveau lit pour les usines ou moulins, en attirant toutes les eaux de la rivière, mais en laissant toujours son lit naturel, libre, afin que le trop plein puisse suivre son cours.

Toutes ces industries, fort utiles d'ailleurs, sont cause cependant de bien des désastres et de la ruine d'honnêtes pères de famille. Car, une forte pluie arrive : les eaux descendent des hauteurs avec précipitation ; l'usine ou le moulin leur barrent le passage ; elles s'accumulent dans peu de temps ; elles débordent de droite et de gauche à travers les prairies. Le meunier lève son écluse, mais il est trop tard ; le bassin d'en bas est déjà plein par le débordement. Maintenant cette inondation qui commence ses ravages, c'est un fleuve qui bouleverse toute cette végétation tout-à-l'heure si ravissante. On voit aussi çà et là des arbres qui se ploient, ne pouvant résister à la force des eaux, qui mugissent comme la tempête. Les débris qu'elles entraînent s'arrêtent contre les haies qui deviennent de vrais murs, qui ne cèdent qu'à la violence des eaux. Tous ces obstacles retardent les eaux de devant qui se frayent le passage ; mais celles qui viennent derrière se trouvant libres, filent vîte ; cela fait que l'inondation augmente toujours, ses ravages ne sont que plus effrayants.

Si le moulin ou l'usine ne s'étaient pas trouvés là, l'eau qui remplissait son bassin aurait passé outre , n'aurait pas attendu celles de derrière, dont la réunion a causé tant de désastres et de larmes. L'inondation n'aurait pas eu lieu.

Qu'il faut peu de chose pour porter la ruine dans une contrée, et c'est heureux quand beaucoup de familles ne restent pas en deuil !

Tout cela tient à quelques mètres de terrain et à quelques journées de travail. Il
faut que le propriétaire du moulin ou de
l'usine établisse un bassin, en le prenant
d'assez haut, pour conserver les eaux nécessaires pour son moulin ou son usine ;
c'est-à-dire qu'à la première crue des eaux,
celles-ci puissent trouver ce nouveau con-
duit libre. De cette manière, leur réunion
par le retard n'aura plus lieu.

J'établirai une rivière artificielle : je
prends aux propriétaires 3 mètres de terrain en superficie, je creuse ce terrain à 1
mètre 50 centimètres de profondeur en talus, éloigné d'un mètre, pour que le fond
soit réduit à 1 mètre de largeur. Je jette
ces terres dans les prés ; je hausse le bord

de 50 centimètres. Cela fait, j'ai une hauteur de talus d'une pente très douce, de 2 mètres 20 centimètres de hauteur de chaque côté de ma rivière artificielle; cela me donne 4 mètres 40 centimètres. J'abandonne les 40 centimètres, il ne me reste que 4 mètres. Je rends aux propriétaires les 3 mètres de superficie, il me reste donc bien, net, 1 mètre de terrain le long de ces rivières artificielles, plus mon mètre qui forme le fond, où j'établirai une petite rigole au milieu, pour livrer passage à l'eau qui pourrait venir de quelque manière imprévue. Il est bien entendu que ces talus doivent être semés de gazon, dont la qualité ne sera pas moindre que dans le pré.

On pourra toujours le faucher, soit d'en

haut, soit d'en bas, et aussitôt fait on le jette sécher sur le pré.

On me dira que ces foins seront avariés à la crue des eaux ; mais il reste beaucoup de chance de notre côté, parce que les inondations ne sont pas continuelles.

Il est bien entendu que l'on séparera cette nouvelle rivière de l'ancienne par un fort barrage bien appuyé, de manière que les eaux ordinaires ne puissent y entrer.

Je reviens aux rivières naturelles. Et comme tous les riverains ont quelque chose à faire, je leur demanderai encore un mètre de terrain. On me dira que je demande toujours et ne rends jamais. Allons ! encore un mètre et ce sera le dernier ; je vous les rendrai tous à la fois. Je prends donc un mètre de terrain sur la longueur d'un pré qui borde la rivière.

Mais avant, je vais donner une petite explication. Tout le monde sait que les bords des rivières sont riches en terrain perdu par les éboulements que les eaux hautes ont occasionnés. Parfois ces terrains s'avancent à plusieurs mètres dans la rivière, et ne servent à rien qu'à nourrir un tas de broussailles et petits arbrisseaux qui ne sont d'aucune utilité. Au contraire, elles embarrassent le lit de la rivière dans les moments où les eaux viennent hautes.

On se rappelle que nous n'avons pas touché le lit des ruisseaux qui descendent des hauteurs ; nous les avons laissés avec tous ces embarras, tels que la nature les a formés. Là, toutes ces choses sont utiles pour retenir les eaux sur les hauteurs, de manière qu'elles ne puissent descendre trop facilement dans la vallée inonder la rivière. Mais cette dernière, au contraire, nous devons la débarrasser de ces broussailles, afin de ne pas retarder les eaux quand elles arrivent hautes. On doit comprendre que tout tient sa place dans ce monde. Les broussailles, les branches avec leur feuillage tiennent la leur, ainsi que les monticules et les éboulements des terres.

On sait aussi que les prairies sont traversées par des haies qui séparent deux voisins ; donc leur rapport est insignifiant, s'il n'est pas onéreux ; car l'herbe souffre à l'entour, soit en empêchant l'air de traverser, soit en tenant la chaleur trop concentrée. Eh bien ! que ces deux propriétaires fassent le sacrifice d'une partie de ces haies, par exemple 6 mètres d'étendue en avant du pré ; ils pourraient garder le reste pour séparation. Cela fait, que chaque propriétaire fournisse 1 mètre de terrain, on le creusera à 1 mètre 50 centimètres de profondeur au niveau des eaux basses. On aura soin, en creusant ce terrain, de le laisser en talus, pour qu'il se termine en pente douce comme celui du voisin.

La terre qu'on enlèvera, on la jettera dans le pré ; on le haussera de 50 centimètres, et le reste on l'étalera, en diminuant insensiblement, dans le pré. Cela fait, on sèmera du gazon le long du talus.

Vous êtes certain que l'herbe ne sera pas moins belle que dans la prairie. On aura soin de laisser une petite digue ou barrage du côté de la rivière, à 50 centimètres de hauteur, afin que la première crue des eaux ne puisse entrer dans le petit fossé. Cela ne servirait que dans les moments où les eaux deviennent hautes.

Pour faire ce fossé, j'ai pris à chaque propriétaire 1 mètre de terrain de super-ficie; j'ai de quoi leur rendre. Nous avons creusé ce terrain à 1 mètre 50 centimètres, en le formant en talus; cela nous donne au moins 1 mètre 70 centimètres de profon-deur. On se rappelle que nous avons ex-haussé le pré, au bord du talus, de 50 cen-timètres. Il est certain que nous avons

maintenant un talus rapportant de bons pâturages, 2 mètres 20 centimètres pour chaque propriétaire. J'abandonne les 20 centimètres ; je leur rends 1 mètre à chacun
qu'ils m'ont prêté ; il me reste bien 1 mètre net sur chaque propriétaire , ce qui me
donne cent pour cent de bénéfice. Le commerce n'est déjà pas si mauvais.

Mais cela n'est pas fini pour ces deux propriétaires , je veux les enrichir tout-à-fait.
Celui de droite cédera encore 1 mètre de
terrain du côté du bord de la rivière , toujours en superficie. Là, le travail doit changer. On élèvera le pré de 50 centimètres :
on creusera ce terrain à 1 mètre de profondeur également en talus, qu'on éloignera
de 60 centimètres vers la rivière ; il restera

40 centimètres pour plate-forme, qui servira de promenade si l'on veut, mais je le destine à autre chose. En éloignant le talus de 60 centimètres du bas, nous gagnons au moins 10 centimètres. Cela nous fait déjà 1 mètre 10 centimètres; la petite plate-forme du bas, de 40 centimètres, cela nous fait 1 mètre 50 centimètres. De 50 centimètres que nous avons élevé le pré d'abord, il nous reste 2 mètres de terrain à mettre en pré.

Mais quand vous avez creusé ce terrain, il vous en reste qui descend vers l'eau ; débarrassez-le de ces branches et de ces broussailles de toute espèce, égalisez ce terrain, en le diminuant en talus d'une pente très douce jusqu'au bord de l'eau là plus basse. Cela fait , vous semez du gazon qui deviendra superbe, et ajoutera à votre pré au moins 2 mètres de terrain , ce qui vous fera 4 mètres. Mais je veux rester au-dessous de la vérité ; je n'en réserve qu'un mètre, reste à trois.

Maintenant je vous rends votre mètre. Sur mes trois il m'en reste bien net deux à ma disposition, et autant sur le pré du voisin de la rive opposée, cela donne un bénéfice de deux cents pour cent sur chaque rive. Le commerce ne me paraît pas mauvais. Et notez bien que le travail n'est rien en comparaison des bénéfices. Une fois que vous avez formé vos talus et semé votre gazon , ce travail est fait pour votre vie. Vous vous serez enrichi et vous aurez dou-

blé presque le lit de la rivière qui ne dévas-
tera plus vos prés. Surtout maintenant, par
les fossés des routes, chemins et ruisseaux,
l'inondation devient impossible. Votre rivière n'étant plus embarrassée dans son
cours, les eaux ne pourront plus s'accumu-
ler sur aucun point, ayant remédié à tout
sur toute sa longueur.

Mais, me dira-t-on, le foin qui viendra
sur ces talus sera avarié à la crue des eaux.
J'en conviens avec vous; mais nous cou-
rons la chance qu'il soit fauché, et aussitôt
ce travail fait, on le jettera dans les prés
pour le faire sécher, où maintenant il sera
en lieu sûr. Sinon le foin ne serait pas perdu
pour cela. Avec la moindre des choses,
de suite les eaux baissées, on pourrait

l'arroser ; sa qualité n'en vaudrait pas moins.

Il faudrait réserver une descente assez facile ; cela servirait pour les animaux, soit pour aller boire à la rivière qui serait maintenant sans danger, ou bien se nourrissant avec les pâturages des talus.

Il est bien entendu que les travaux doivent être exécutés sur les deux rives et sur toute la longueur des rivières. Ce travail est peu de chose en comparaison des bénéfices qu'il donne.

On me réclamera les 50 centimètres que j'ai pris pour les fossés des ruisseaux. Mais remarquez bien que tous sont dans des prés, du moins en partie. Nous les avons faits en talus gazonnés, cela vous donne au-delà de l'avance que vous avez faite ; vous n'avez rien à réclamer, à moins que ce ne soit pour le terrain qui ne servait à rien, près de la fontaine où nous avons établi le fort réservoir. Mais là , vous trouvez toujours un protecteur qui retient le trop plein, empêche les eaux d'aller vous ravager vos prés. Ensuite, vous trouvez toujours son eau fraîche, renouvelée par la source, pour désaltérer vos prés dans le temps de sécheresse, et alimenter vos bestiaux qui seront heureux de boire cette eau si pure.

Je tiens à garder mes deux mètres si cela est possible ; vous allez cependant me réclamer les 50 centimètres que je vous ai pris au bord des routes. Pour cela , oui ; ceux-là ne produiront aucun rapport, que de préserver votre champ soit des eaux, soit des passants. Je vous les rends, et vous en donne 50 de plus, ce qui vous fait un mètre. Cela sera pour vous indemniser des sacrifices que vous vous êtes imposés en faisant des fossés sur les hauteurs. Cela doit vous compenser; nous restons donc quittes et bons amis. Mais je reste possesseur d'un mètre de terrain sur chaque rive pour toute la longueur des rivières. On n'a qu'à comparer leur longueur, on verra ce que l'agriculture gagne sur chaque rive. Il me reste 2 mètres, plus 1 mètre sur les rivières artificielles et 2 mètres sur les fossés des haies; cela me donne bien 5 mètres de terrain. Je conviens que je ne sais qu'en faire. Ne pouvant aller ramas-

ser mon foin qu'en bateau, les propriétaires, certes, ne m'offriront pas le passage
dans leurs prés, et en bateau cela serait
trop coûteux. Eh bien! j'en fais cadeau à
l'agriculture, à chaque propriétaire qui a
sacrifié son travail à ces améliorations qui
doivent tourner au bien général, tout en
enrichissant notre belle patrie; et moi, je
serai heureux, n'aurai-je fait que contribuer
à conserver la dernière bouchée de pain à
une mère qui sait si noblement s'en priver
pour sauver la vie à ses enfants.

Il est bien compris que tous ces travaux
doivent être faits par les propriétaires, que
l'État ne doit intervenir que pour la direction. Cela est facile et possible. Si le pauvre a peu de terrain, soit au bord d'une

route ou d'une rivière, cela lui prendra peu
de temps; le riche, au contraire, a beaucoup de terrain sur les deux points, il a le
moyen de le faire faire, il rendra service
au pauvre en lui faisant faire ce travail ;
cela l'aidera à nourrir sa famille. Tout tourne
au bien dans cette entreprise générale,
donc chacun sera satisfait.

Maintenant, redescendons aux grandes
rivières. Ces dernières sont aux petites ce
que celles-ci sont aux chemins et aux ruisseaux, car ces derniers arrivent, débordent
dans la petite rivière, la forcent d'en faire
autant, et courent ensuite dans la grande
lui faire subir le même sort : tout se lie
dans ce monde, mais, maintenant, nous
n'aurions presque rien à faire dans les

grandes rivières, puisqu'elles ne seraient pas accrues par le débordement des petites, ni par les eaux venant des routes et des chemins. Si, cependant, cela arrivait, il faudrait être prêt à recevoir ces eaux, qui, en dépit de notre travail, auraient pu passer outre. Si nous employons les mêmes moyens que pour les petites, les riverains feront de bien plus grands bénéfices. Tout le monde connaît ces immenses terrains perdus qui bordent les grandes rivières. On pourrait cependant les utiliser en suivant le même système. L'agriculture gagnerait sur ce point ce que les voies de fer lui font perdre sur un autre. Bien mieux ! donnez ces terrains aux pauvres à condition qu'ils feront ces travaux en se conformant aux réglements que la loi leur indiquerait. Je crois qu'en prenant ce parti le nom de pauvre disparaîtrait bientôt de notre langue.

Ce qui porte mon attention sur ces points des grandes rivières, qui ne doivent plus recevoir autant d'eau que par le passé, serait d'élargir l'embouchure des petites rivières et ruisseaux qui viennent se perdre dans leur lit. Ces embouchures sont encore entourées de terrains perdus qui ne sont d'aucun rapport. Il faudrait élargir ces embouchures de 10 mètres de chaque côté, et les prolonger à 20 mètres dans la petite rivière. L'état doit exécuter *ces travaux ; son initiative encouragera les populations*.

Il faut porter une grande surveillance à

l'entour des grandes villes, foyer terrible pour alimenter les inondations.

Qui a vu la ville de Paris avant qu'elle ne soit pourvue d'égoûts souterrains ? Chaque rue devenait une rivière, et surtout les parties basses. Aujourd'hui tout disparaît par ces milliers d'ouvertures qui donnent passage à ces eaux ; mais il faut bien penser qu'elles ne sont pas perdues ; elles vont se précipiter dans la Seine, et sont peut-être cause au loin de bien des désastres, tandis que les Parisiens se promènent après la pluie en se dandinant sur ces beaux trottoirs aussi brillants que les bottes vernies des promeneurs.

Si la Seine, au contraire, était une rivière ordinaire, elle déborderait avec l'eau que

Paris lui fournirait et porterait ses ravages au loin. Admettons le contraire, que la ville de Paris soit en vignes, champs, prairies, bois, à peine si un ruisseau ressentirait l'effet des grandes pluies, parce que chaque champ la garderait dans son sein.

Suivons les fleuves ou grandes rivières ; là encore le mal est à la tête, dont souvent une montagne est le chapeau ; là où est le grand danger, il faut de grands remèdes ; c'est encore l'état qui doit les administrer.

Là doit se porter l'attention de l'homme. Ces montagnes sont généralement couvertes de neiges qui ne fondent qu'à certaines époques de l'année, soit par le changement de la température ou autre cause ; alors, malheur aux habitants qui bordent ces rivières :

les neiges fondent sur le sommet des montagnes, descendent par mille déchirures sur
de plus basses ; les eaux poussent les neiges de ces dernières à leurs bords, cela
forme une digue ; les eaux s'amassent derrière ; dans peu de temps cela devient un
lac dans les airs ; les neiges des bords ne
résistent plus à ces amas d'eaux, qui font
éruption en se précipitant de rocher en rocher et entraînant tout dans la profondeur
d'où sort la rivière ou fleuve.

Alors on entend ce bruit sourd et lugubre
qui serre le cœur de l'homme. De droite et
de gauche sont des nappes d'eau, des montagnes de neige qui se brisent à travers les
eaux mugissantes ; tous ces déchaînements
de la nature se précipitent dans la rivière

dont le lit ne peut contenir qu'une faible partie ; le reste se précipite à travers les rochers et va porter ses ravages au loin où pas une goutte d'eau n'est tombée.

Là, nous ne pouvons nous en prendre au voisin, c'est la nature ; mais, en nous servant d'elle, nous pourrons peut-être faire quelque chose par des travaux d'art. Cherchons bien à travers ces rochers si, avec peu de frais, nous ne pourrions pas retenir les neiges ou les eaux.

Aussitôt que l'on trouve les terres, établir des bassins avec des écluses que l'on ne laisserait remplir que dans ces moments terribles ; ces eaux seraient souvent fort utiles quelques jours plus tard pour alimenter la rivière tarie par la sécheresse ; je

crois que cela serait possible si ce n'était
pour retenir entièrement ces amas d'eau ; on
diminuerait toujours leurs forces, et plus loin
les tranchées et barrages feraient le reste.

Il faudrait cependant se garder de déranger trop la nature sur ces montagnes , car
Dieu a levé ces masses couvertes de neiges
dans des régions si hautes pour en faire
l'arrosoir du monde. Elles fondent en s'infiltrant à travers les crevasses des rochers,
vont ensuite dans des profondeurs se puri-
fier, soit à travers les mines, soit à travers
les volcans ; ensuite elles suivent la route
tracée par le Créateur. Là , sort une source
chaude et souffrée ; là-bas, une autre ferru-
gineuse qui vient rendre la santé à l'homme ;
plus loin, c'est une source naturelle dont la

fraîcheur ranime toute la nature à l'entour ;
de là elle va former des ruisseaux , des rivières qui suivent le chemin de la création
et retournent d'où elles sont sorties pour
faire la richesse du monde.

On me dira : ces travaux sont immenses
et demandent beaucoup de temps ; je réponds qu'en en faisant une portion chacun,
la dépense n'est rien en comparaison des
résultats qu'on obtiendrait. Dans deux ans
ce travail peut être fait ; que l'on essaye sur
une petite échelle , si le résultat est bon on
le généralisera , sinon on l'abandonnera
pour de meilleurs moyens à employer.

Que l'on prenne une petite rivière dans le
Midi, où chaque orage la fait déborder; que
l'on fasse ces travaux sur es hauteurs où

sont les villages, routes et ruisseaux, seules voies de communication avec la rivière.

Tout ce que je propose est simple et facile à faire dans peu de temps ; mais retournons un peu en arrière, consultons les anciens, hommes si simples, remplis de sagesse, ne connaissant que la nature, la mettant à profit dans toutes leurs entreprises.

Si on disait de nos jours il faut entreprendre un travail qui durera plus de cent ans pour rendre un désert le plus beau pays du monde, on rirait ; eh bien ! les anciens eurent cette sagesse d'entreprendre ce sublime travail. Il fut continué de génération en génération jusqu'à sa fin ; il servira d'enseignement par sa hardiesse et sa grandeur jusqu'à la fin du monde.

Dieu peupla l'Égypte, grand désert ; il
priva ses terres des pluies du ciel, mais il
connaissait le génie qu'il donnait à l'homme ;
il le mit à l'épreuve et fit traverser ce désert
par le premier fleuve du monde, aussi sur-
prenant par sa grandeur que par l'utilité de
ses eaux. Qui n'a entendu parler du Nil et
de ce grand peuple dont le génie, la sagesse
et la grandeur servirent d'exemple au monde
entier. Eh bien ! il y a plus de deux mille
ans que ce peuple entreprit de détourner
les eaux de cet immense fleuve. Il creusa
des canaux, des rivières, les barra par des
écluses, et en si grande quantité, qu'au jour
voulu ce grand désert est inondé ; alors ce
n'est plus un désert, c'est une mer d'où sortent des villes, des villages jetés çà et là

comme les planètes à la voute du ciel. Ils ne laissent à cet immense fleuve que les eaux superflues ; la dixième partie de ces eaux n'arrive pas à la mer ; le reste arrose ce beau pays, envié du monde entier.

Eh bien ! puisque les anciens ont pu détourner les eaux de ce fleuve à volonté pour s'enrichir, ne pourrions-nous pas les retenir dans nos villes, villages et hauteurs pour nous enrichir aussi. On me dira : « Ce peuple n'avait qu'un fleuve, et nous, nous avons des pépinières de villes, villages et routes. » Mais je répondrai que nos travaux ne sont rien en comparaison de ceux des Égyptiens, et nous obtiendrons des résultats pareils.

Consultons la nature, elle nous fournira

les mêmes moyens qu'à nos ancêtres ; comme eux, nous découvrirons ses secrets. Dieu a mis tous les peuples à l'épreuve, les uns d'une manière, les autres d'une autre ; mais à tous il a donné ce qu'il leur faut pour se rendre heureux ; nous ne tenons pas assez compte de l'enseignement des anciens.

Les Égyptiens étaient un peuple sage chez qui les Grecs et les Romains allaient puiser leurs sciences, leurs lois pour se gouverner, aussi jamais peuple ne respecta mieux l'ouvrage de ses pères : cette vénération s'est conservée jusqu'à nos jours.

En faisons-nous autant de nos pères, qui marchèrent à la conquête du monde au nom de la civilisation ? Nous n'oublions que trop souvent leurs cendres, que nous foulons à chaque pas.

Certains prétendent qu'ils ne connaissaient ni A ni B; silence, ennemis de nos pères! car ils connaissaient les lois de la nature et cette fraternité de désintéressement envers leurs semblables : leur loi était l'Évangile, leurs billets de commerce une poignée de main. Ils connaissaient encore cette sagesse de faire des choses durables, ces monuments qui ne disparaîtront des regards de l'homme qu'avec le monde.

Ah! vieille Rome! conserve tes palais, tes chefs-d'œuvre conquis par nos pères; rappelle-toi qu'ils versèrent leur sang pour déposer dans ton sein le berceau de la foi chrétienne dont le flambeau éclaire le monde.

Ils le versèrent encore pour former la limite des empires : et toi , du haut de ton capitole, tu les bénis et rappelle leur gloire à la postérité.

## FIN

Paris. — Imp. BOISSEAU et C^e, passage du Caire, 112-124.